AF551134

"Wherever I wander,
wherever I rove,
The hills of the Highlands
for ever I love."

Robert Burns (1759–1796)

Für Katherine G. Begg und Dr. John J. Henderson
Für Linus, Lena und Laurin

Ferry Böhme
SCHOTTLAND
Abenteuer Wildnis
Tecklenborg

Inhalt

Vorwort

„Mein Herz ist in den Highlands, wo immer ich auch bin!“, schrieb der schottische Nationaldichter Robert Burns im 18. Jahrhundert. Die tiefe Verbundenheit des Poeten zu seiner rauen, schottischen Heimat kommt in vielen seiner sprachgewaltigen Werke zum Ausdruck – und nach unzähligen Reisen dorthin kann ich diese Verbundenheit gut nachvollziehen.

Schottland – wie viele Klischees verbindet man mit diesem Land im Norden Großbritanniens? Dudelsack, Kilt, Geiz, Haggis, Tweed, Nessi und Whisky – um nur einige davon zu nennen. Aber um keines dieser Klischees wird es in diesem Buch gehen, sondern nur um das, was Schottland für mich wirklich auszeichnet und einzigartig macht: seine Naturschätze und Naturschönheiten im Großen wie im Kleinen.

Anders als in manch anderem Bildband soll nicht nur die fotografisch reizvolle Umsetzung altbekannter, klassischer Orte, sondern vor allem die wilde Unberührtheit weniger bekannter Plätze und malerischer Winkel dazu einladen, ausgewählte Kapitel aus Schottlands Natur intensiv und intim zu erleben. Erkunden Sie die schottische Wildnis fernab des Trubels und abseits der Touristenpfade an Stellen, die manchmal so einsam und ruhig sind, dass die Stille auf angenehme, berührende Weise „laut“ erscheint. Genießen Sie Details, die ansonsten leicht zu übersehen wären.

Es sind stürmische Küsten, Strände mit weißem Sand und Südseeflair, riesige Vogelkolonien und atemberaubende Landschaften, die im Licht zwischen Regen und Wind oft wie fantastische Zwischenwelten erscheinen. Während an den zerklüfteten Rändern der nördlichen Shetland Islands die größte Population europäischer Fischotter lebt, balzen beispielsweise auf den Hochflächen des Cairngorm Nationalparks nach schneereichen Wintern im Frühjahr die Birkhähne.

Bekannt sind die Highlands für ihre Bergrücken mit großen Rotwildpopulationen und weiten, duftigen Heideflächen, in denen das endemische Moorschneehuhn lebt – aber wer weiß schon, dass es sich dabei eigentlich zu großen Teilen um eine von Menschenhand geprägte Kulturlandschaft handelt, eine artenarme Monokultur, nur geschaffen um Schafe zu weiden und heute vor allem der gewinnbringenden Sportjagd zu frönen!?

Doch es keimt Hoffnung in dieser Sackgasse, denn wer einmal die wenigen erhaltenen alten, ursprünglichen kaledonischen Kiefern-Urwälder durchwandert und die Farbenpracht des Herbstes in entlegenen Highlandtälern erlebt hat, der wird sich schwertun, nicht wieder zurückzukehren. Ein gewaltiges, von vielen Schultern getragenes Naturschutzprojekt – „Rewilding Scotland“ – versucht, nicht nur die bestehenden Naturjuwelen Schottlands zu erhalten und zu schützen, sondern auch der Wildnis wieder Raum zu geben, sie zu vernetzen und Bewusstsein zu schaffen für die einzigartige landschaftliche und ökologische Vielfalt dieser Region.

Tauchen Sie ein in diese mannigfaltige Welt, erleben Sie auf dieser Bilderreise Ihre Abenteuer in der Wildnis Schottlands!

Egal ob als Inspiration für den nächsten Urlaub oder einfach als Entspannung auf der Couch; in jedem Falle sollte abschließend vielleicht doch noch eines der Klischees beim Blättern der Seiten bedient werden: Gönnen Sie sich einen guten, alten schottischen Whisky – aber bitte ohne Eis! Spätestens nach dem dritten oder vierten Dram kann man den Wind durch die Täler und den Sturm über die Klippen brausen hören – ein multimediales, schottisches Bucherlebnis sozusagen, das Robert Burns wohl ebenso erfreut hätte, denn er schrieb: „Freiheit und Whisky gehören zusammen.“. Slàinte mhath!

Dr. Ferry Böhme

Einleitung

Schottland ist ein Land von unglaublich vielfältiger Gestalt. Geformt durch Wetter und Geologie, sind seine unterschiedlichen Regionen in ein ständiges Wechselspiel aus Farben getaucht. Fügen wir ein paar dramatisch-schöne Wolkenformationen dazu – und es ist nicht schwer, die Anziehungskraft schottischer Landschaften zu spüren.

Spektakuläre Aufnahmen sind reichlich in diesem Buch vorhanden – Schlösser, Wasserfälle und majestätische Küstenlandschaften. Jedoch sind die Bilder, die mich am meisten in ihren Bann ziehen, die mir so sehr vertrauten Details – Eindrücke aus dichten Birkenwäldern, die Wirkung malerischer Herbstfarben und die nassen, knorrigen Kiefern. All das wurde von Ferry Böhmes scharfsinnigem Auge, seiner künstlerischen Interpretation und seinen technischen Fähigkeiten zu neuem Leben erweckt.

Beim Durchblättern dieses wunderbaren Buches gerate ich selbst in einen Konflikt – zwischen begeistertem Staunen und einem tiefen Gefühl der Traurigkeit. Die Fülle der Natur, die Ferry uns so perfekt zeigt, legt gleichzeitig eine niederschmetternde Wahrheit offen.

Es ist noch nicht lange her, dass sich Urwälder voller Leben über einen Großteil des Landes erstreckten; Flüsse frei fließen konnten; Insekten, Vögel und Fische reichlich vorhanden waren. Feuchtgebiete, in denen der Ruf der Kraniche erschallte, wurden, Mosaiken gleich überall verteilt, von Bibern erschaffen.

Heute jedoch finden wir nur noch hunderttausende Hektar baumloser Großflächen auf der Landkarte. Jahrhunderte der Rodung durch Feuer und Axt sowie maßloser Jagd und Überweidung haben zu den wenigen, übriggebliebenen natürlichen Lebensräumen geführt, auf die wir jetzt angewiesen sind. Wenn wir weiter zögern, etwas zu ändern, werden wir auch sie verlieren. Alle in Schottland ehemals beheimateten großen Fleischfresser und die meisten Pflanzenfresser sind ausgerottet. Viele andere Tierarten, die einst zahlreich vorhanden waren, kämpfen ums Überleben.

Aber das muss nicht so sein!

Zunehmend besteht Einigkeit darüber, dass die nächsten 30 Jahre für Tierwelt, Klima und Menschheit entscheidend sein werden. Innerhalb dieses erschreckend engen Zeitfensters ist ein riesiges Umdenken in unseren Köpfen erforderlich.

Ich glaube, dass Fotografen eine Chance, ja vielleicht sogar eine Verpflichtung haben, dieses Umdenken zu beeinflussen. Es reicht nicht mehr, die Natur nur auf geschönten Kalenderblättern zu zeigen. Es besteht der Bedarf, die ganze Wahrheit hinter den Bildern ans Licht zu bringen – und wir sollten diese Geschichten erzählen.

Über die letzten zwei Jahrzehnte habe ich mit vielen engagierten Menschen zusammengearbeitet, um dringend erforderliche, tiefgreifende Veränderungen anzustoßen und zu bündeln. Schottland darf nicht länger ein Land sein, in dem die Natur aufgezehrt wird; es sollte vielmehr eine weltweite Führungsrolle im Bereich der ökologischen Erneuerung und Renaturierung einnehmen.

„Rewilding Scotland" heißt, die Fülle und Vielfalt des Lebens in gestörte Ökosysteme zurückzubringen – Leben spendend, Luft und Wasser reinigend, Kohlenstoff speichernd, Überschwemmungen verringernd und letzten Endes Menschen im Einklang dazu animierend, unser traumhaft schönes Land zu besuchen.

Ich hoffe sehr, dass, sobald Sie die großartigen Eindrücke dieses Buches genossen haben, Ihr Interesse geweckt ist, Ferry zu folgen und Sie Schottland ebenfalls besuchen. Fotografieren Sie die Schönheit Schottlands, aber vergessen Sie nicht, seine ganze Geschichte dazu zu erzählen.

Peter Cairns, Director
SCOTLAND: The Big Picture
www.scotlandbigpicture.com

Orkney Islands
Yesnaby
Broch of Gurness
Stromness
Kirkwall
Old Man of Hoy
Shetland Islands 160 km
Shetland Islands
Hermaness Nature Res.
Esha Ness
The Drongs
Lerwick
Jarlshof
Sango Bay
Thurso
Duncansby Head
Kyle of Tongue
Castle Sinclair
Wick
Outer Hebrides
Lewis
Callanish Stone Circle
Stornoway
Wailing Widow Falls
Ardvreck Castle
Dunrobin Castle
Luskentyre Beach
Tarbert
Northon Saltings
Harris
Ullapool
Gairloch
Loch Maree
Chanonry Point
Bow Fiddle Rock
Elgin
Randolphs Leap
Lochmaddy
North Uist
Old Man of Storr
Skye
Applecross
Inverness
Neist Point
Cannich
South Uist
Eilean Donan Castle
Loch Ness
Spey
Aviemore
Aberdeen
Elgol Beach
Armadale
Fort Augustus
Cairngorms NP
Stonehaven
Dunnotar Castle
Inner Hebrides
Glen Finnan
Fort William
Ben Nevis
Glen Coe
Pitlochry
Rannoch Moor
ATLANTIC OCEAN
Tobermory
Castle Stalker
Lunga
Mull
Staffa
Oban
Dundee
Perth
NORTH SEA
St Andrews
Carsaig Arches
Inveraray Castle
Loch Lomond
Tantallon Castle
Loup of Fintry
Devil's Pulpit
Edinburgh
Glasgow
Islay
Melrose Abbey
Smailholm Tower
Dryburgh Abbey
Tweed
Arran
Ayr
SCOTLAND
ENGLAND
Dumfries and Galloway
50 km

Links: Eine der eindrucksvollen Sandsteinformationen an den Seaton Cliffs bei Arbroath – der „Deil's Heid" (Teufelskopf).

Rechts: Verschiedenste Seevögel nisten in den kavernenreichen, steilen Felsabbrüchen; unter anderem Dreizehenmöwen.

Schottland

Die Lowlands …

… bilden mit versteckten Kleinodien und hügeligen Bilderbuchlandschaften eine sanfte Ouvertüre zu den rauen Highlands.

Die Felsformation „Dickmont's Den" an den Seaton Cliffs war ursprünglich eine Höhle, deren Dach schon lange eingebrochen ist. Der sichtbare Sandstein ist rund 400 Millionen Jahre alt.

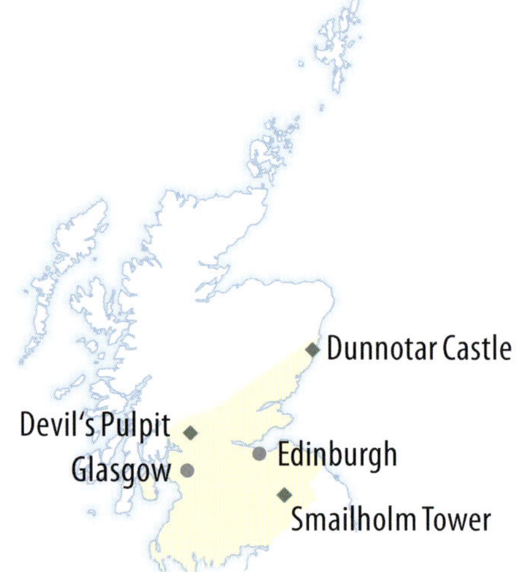

Die ursprüngliche Einteilung Schottlands in Lowlands und Highlands folgt einer bereits viele Millionen Jahre alten geologischen Verwerfungszone, der sogenannten „Highland Boundary Fault", und hat nichts mit administrativen Gliederungen zu tun. Der einst vermutlich mehrere tausend Höhenmeter große Unterschied zwischen den beiden Regionen hat sich über Äonen hinweg fast ins Unsichtbare relativiert. Die fruchtbaren Ackerflächen der Lowlands stehen aber im sichtbar harten Kontrast zu den kargen Böden der Highlands.

Als Grenzregion zum englischen Northumberland waren die südlich der Verwerfungszone gelegenen Lowlands geschichtlich gesehen schon immer stärker den englischen Einflüssen ausgesetzt. Sie sind die industriell dominierte Region Schottlands mit den größten Ballungszentren um Edinburgh und Glasgow und darüber hinaus landwirtschaftlich aufgrund der geologischen Struktur intensiv genutzt – nicht nur als Agrarlieferant für Schottland, sondern in hohem Maße auch für den Rest Großbritanniens. Nichtsdestotrotz finden sich auch in den Lowlands einige sehens- und erkundenswerte Stationen für Naturliebhaber.

Die beeindruckenden Küstenlandschaften der aus rotem Sandstein bestehenden und im Licht intensiv leuchtenden Seaton Cliffs im Raum Aberdeen sowie der private, aber dennoch zugängliche Seacliff Beach südöstlich von Edinburgh zählen ebenso dazu wie die mittlerweile leider recht überlaufene, tiefe Schlucht des Finnich Glen mit der Felsformation der „Teufelskanzel" nördlich von Glasgow. Bei dem in Schottland nicht seltenen Starkregen muss aber zwingend von einem Besuch des Finnich Glen abgeraten werden, da der extrem steile, glatte Pfad hinab sowie die enge Schlucht mit dem Bach unter diesen Bedingungen lebensgefährlich werden können.

Wer sich zusätzlich für schottische Geschichte interessiert, dem seien an dieser Stelle auch die alten Türme der Grenzbefestigungsanlagen wärmstens empfohlen. Weitere sehenswerte Relikte schottischer Vergangenheit sind die Ruinen der Burgen von Tantallon und Dunnotar, die sehr gut mit den landschaftlichen Erkundungen der Seaton Cliffs bei Arbroath oder des Seacliff Beach bei North Berwick verbunden werden können.
Sie sind insbesondere bei Sonnenaufgang lohnende, fotografische Ziele.

Seacliff Beach – kostenpflichtig über eine gut gesicherte Privatstraße zugänglich – ist bei Ebbe einer der farbenprächtigsten Strände Schottlands.
Rechts: Über dem roten Sandstein erheben sich die majestätischen Ruinen des aus dem 14. Jahrhundert stammenden und 1650 verlassenen Tantallon Castle.

Sonnenaufgang am Seacliff Beach. Wer dieses lohnenswerte Schauspiel im Sommer erleben will, muss zeitig raus.
04:30 Uhr erscheint der Feuerball bereits über dem Horizont – und übernachten am Strand ist verboten!

Vorherige Doppelseite:

Fischerboote kurz nach Sonnenaufgang. Die Fischerei ist nach wie vor einer der Hauptwirtschaftszweige Schottlands. Überfischung gefährdet jedoch auch hier die Bestände.

Links und unten: Etwa zwei Kilometer vor der Küste im Firth of Forth gelegen, beherbergt die Insel Bass Rock nicht nur die größte Kolonie des Basstölpels (Morus bassanus) weltweit, sondern hat dem Fischjäger sogar seinen Namen gegeben. Über 150.000 Tiere brüten hier.

Farben und Formen in Hülle und Fülle –
Seepocken, Sandstein, Blasentang und Kiesel.

Über die leuchtenden Felsen
schweift der Blick von den Ruinen
Tantallons bis zum Bass Rock.

Oben: Der Smailholm Tower ist einer der sehr gut erhaltenen Beobachtungs- und Wehrtürme an der Grenze zu England. Malerisch gelegen auf dem Lady Hill, ist er nur über eine schmale Straße zu erreichen.

Rechts: Unweit von Stonehaven, etwa auf halber Strecke zwischen Montrose und Aberdeen, zählt das aus dem 15. Jahrhundert stammende Dunnottar Castle zu den eindrucksvollsten Burgruinen an der schottischen Küste mit bewegter Geschichte.

Links und unten: Etwa 30 Kilometer von Stirling entfernt liegen die fast 30 Meter hohen Wasserfallkaskaden des Loup of Fintry im Tal des Endrick River gut versteckt zwischen einer schmalen Straße (ohne große Parkmöglichkeiten) und dem Wald.

Finnich Glen – extrem steil und rutschig ist der Pfad hinunter in die tiefe und enge Schlucht; definitiv keine gute Idee bei Starkregen! Wer mit Gummistiefeln ausgerüstet ist, kann hier bis zur „Teufelskanzel / Devil's Pulpit" gelangen. Die rote Sandsteinformation ist auf dem rechten Bild in der Mitte hinten gut zu erkennen.

Links und rechts: Ein Fotoklassiker ist der Blick ins Glen Affric und zum Loch Affric. Nur dem Status als Naturreservat und den bereits über 60 Jahre dauernden, intensiven Bemühungen der Förster um den Erhalt und die Erweiterung der alten, einheimischen Baumbestände ist es zu verdanken, dass man hier noch eines der letzten ursprünglichen Highlandtäler erleben kann.

Schottland

Die Highlands …

… halten eine farbenfrohe Sinfonie aus Heideflächen, tiefen Tälern, Wäldern, klaren Seen und schneebedeckten Bergen bereit.

Sonnenaufgang im Mòinteach Raineach, dem Rannoch Moor, einem der letzten völlig unberührten Moorgebiete Schottlands. Über 130 Quadratkilometer groß liegt es, eingerahmt von über 1000 Meter hohen Bergen, auf der Wasserscheide zwischen Nordsee und Atlantik.

Bow Fiddle Rock
Inverness
Cairngorms NP
Aberdeen
Fort William
Rannoch Moor
Edinburgh

Die Region der Highlands erstreckt sich nördlich der sogenannten „Highland Boundary Fault“, einer etwa 240 Kilometer langen Gesteinsverwerfung, die grob auf der Isle of Arran im Westen Schottlands beginnt und sich von dort quer über das Land bis in den Osten zum Küstenort Stonehaven unterhalb von Aberdeen zieht. Hier hat man die Möglichkeit, nahezu alle Landschaftsformen Schottlands zu erleben. Man kann wandern, ohne einer Menschenseele zu begegnen, die höchsten Berge Schottlands besteigen oder die letzten ursprünglichen Kiefernwälder, den Caledonian Pine Forest, erkunden. Wer einmal im Herbst die Täler Glen Affric, Glen Cannich und Glen Strathfarrar in voller Farbenpracht gesehen hat, wird dies sicher nie vergessen.

Wenn die Highlands vielerorten fast menschenleer wirken, so ist das auf die sogenannten „Clearances“ zurückzuführen. Im Zeitraum zwischen Ende des 18. Jahrhunderts bis Ende des 19. Jahrhunderts wurde aus wirtschaftlichen Gründen die einheimische, gälisch sprechende Bevölkerung aus ihren Dörfern vertrieben, um die Flächen einigen Eigentümern für die Schafzucht zuzuspielen.

Die darüber hinaus bis heute andauernde, intensive Nutzung riesiger, durch jährliche Brandrodungen künstlich freigehaltener Heideflächen zur Sportjagd für Jagdtouristen beispielsweise auf Moorschneehühner, stellt quasi eine Gelddruckmaschine für die Landbesitzer dar. In einigen Regionen werden sogar, um die Population der Moorschneehühner durch Ausschaltung von „Konkurrenzlebewesen“ oder „Parasitenträgern“ künstlich hochzuhalten, tausende Schneehasen gnadenlos geschossen und Greifvögel vergiftet.

Massive Verbissschäden an jungen Bäumen richtet die mancherorts um das Zehnfache zu hohe Population des Rotwildes an. Dieses zerstörerische Ungleichgewicht ist auf rein jagdwirtschaftliche Interessen zurückzuführen. Wildschutzzäune sind oft die einzige Möglichkeit, um eine Regeneration ursprünglicher Waldflächen zu ermöglichen und sich einer gesünderen Verteilung von Moorland, Urwäldern und offenen Hochflächen anzunähern.

Der größte Nationalpark Schottlands, der Cairngorm National Park, ist ein wahres Naturjuwel und bietet mit seiner Umgebung so viele lohnenswerte Ziele für Naturfreunde, dass dafür ein ganzer Urlaub investiert werden kann. Die Cairngorms sind nicht nur zu allen Jahreszeiten für Wanderer ein empfehlenswerter Ort, sondern beispielsweise auch die Heimat einer großen Population von Schneehühnern, Birkwild und einer halbwilden Rentierherde, die auf den Hochflächen frei grast.

Die Täler und Landschaften von Glen Coe und Rannoch Moor, der Loch Lomond sowie die Burgen Castle Stalker und Eilean Donan Castle gehören seit jeher zum Klassikerportfolio Schottlands und sollen hier natürlich ebenfalls nicht fehlen.

Aufgrund seiner Landschaftsvielfalt ist der Cairngorm Nationalpark zu allen Jahreszeiten ein abwechslungsreiches Erlebnis. Unbeeinflusste Wälder zeugen von der Schönheit der grünen Highland-Lunge.

Die Farben des Herbstes und alte Bäume mit Flechten – ein Zeichen für sauberste Luft – fertig ist ein Feenmärchenland.

Von den Ufern des Loch Morlich in der Nähe von Aviemore hat man einen herrlichen Blick auf den über 1300 Meter hohen Bergrücken der Cairngorm Mountains, die dem Nationalpark ihren Namen gaben.

Morgendliche Stille an den Ufern des Loch Garten. Kein Lüftchen regt sich. Nur Mama Schellente passt auf ihre drei Kleinen auf, die noch keine Lust auf ein Bad im kühlen Nass zu verspüren scheinen.

Links: Loch An Eilean, der „See mit Insel", verdankt seinen Namen der kleinen Insel im Hintergrund, auf der die Reste eines aus dem 13. Jahrhundert stammenden Castle stehen.

Unten: Von den Ufern des Loch Garten aus führt eine wunderschöne Wanderung durch einen der letzten ursprünglichen Kiefernwälder Schottlands zum Loch Mallachie.

Wenn die ersten Strahlen der Morgensonne die Kiefern an den Ufern des Sees bescheinen, beginnt der Wald zu glühen. Die Spiegelungen abgestorbener Bäume im See zaubern eine surreale Stimmung.

Oben: Aufmerksam durch viele Augen beobachtet, schweift unser Blick über das Tal des River Spey – wohlbekannt bei Whisky-freunden – zu den schneebedeckten Gipfeln der Cairngorms.

Links: Aussicht vom Höhenrücken im Craigellachie National Nature Reserve in die Cairngorms. Im Herbst eine der farbenprächtigsten und abwechslungsreichsten Nachmittagstouren, beginnend direkt hinter der Jugendherberge von Aviemore.

Ständig wechselndes Wetter setzt funktionelle Kleidung voraus. Dann aber steht einem Erleben der unterschiedlichsten Stimmungen innerhalb eines Tages nichts entgegen. Oben: Während schneidender Wind und Regen auf den tundraartigen Hochflächen der Cairngorms ein Foto fast unmöglich machen, scheint unter dem Regenbogen schon wieder die Sonne auf den Loch Morlich.

Oben: Seit 1952 die einzige frei lebende, halbwilde Rentierherde Großbritanniens. Die Tiere kühlen sich auf den letzten Schneeresten.

Rechts: Blick in die Bergeinsamkeit vom Coire an t-Sneachda zum Fiacaill a' Choire Chais und dem 1245 Meter hohen Cairn Gorm.

Links: Die Winter können hart sein in den Hochlagen der Highlands. Unablässig treibt der Wind die Eisschollen über den See – ein Klang wie tausend Glockenspiele erfüllt die eiskalte Luft. Weit und breit keine Menschenseele.

Unten: Frischer Schnee überzuckert die eingeschnittenen Täler der Hochflächen im letzten Licht eines kurzen Februartages. Einer Tuschezeichnung gleich liegt die Landschaft vor mir. Stille. Innehalten. Atmen.

Links: Schnee und Eis treiben die Hirsche ins Tal. Das nur auf jagdwirtschaftliche Interessen ausgelegte Missmanagement des Rotwilds hat in weiten Teilen der Highlands zu massiv überhöhten Beständen, fehlendem Waldaufwuchs und tausenden Kilometern Drahtzäunen als Verbissschutz geführt. 60.000 Hirsche wären eine sinnvolle Bestandszahl für Schottland – 400.000 Tiere sind unterwegs! Den Lobbyismus zu durchbrechen ist mühsam, aber dringend erforderlich, will man von der „ökologischen Jagdwüste" weg.

Oben: Moorschneehühner und Schneehasen sind an das Leben im Schnee sehr gut angepasst. Insbesondere die Hasen im weißen Umfeld zu finden, ist manchmal recht mühsam.

Oben: Bestens getarnt und nur in den Höhenlagen der Cairngorms zu finden ist das Alpen-Schneehuhn. Schutzmaßnahmen haben dazu geführt, dass die Population stabil ist. Eine Nadel im Heuhaufen zu suchen könnte man hier auch „Ein Schneehuhn in Schottland finden“ nennen.

Rechts: Wie Eis glitzern die harschen Schneeflächen im Hochwinter zwischen Cock Bridge und Tomintoul. Am besten ist man hier mit Schneeschuhen oder Skiern unterwegs, sonst wird das Vorankommen mühsam. Die Orientierung kann bei blitzartigen Wettereinbrüchen sehr schwierig werden, lassen Sie sich nicht von den relativ geringen Höhen täuschen! Richtige Ausrüstung ist zwingend erforderlich.

Linke Seite: Leben unter kargen Bedingungen – Schneehase und Schneehuhn jeweils kurz vor der vollständigen Umfärbung in die Wintertarnung.

Oben: Schneeammern durchstreifen in kleinen Trupps die Regionen der Hochlagen und sind auch beim stärksten Sturm nicht von der Futtersuche abzubringen.
Der britische Bestand der Haubenmeise ist stark gefährdet; man findet sie meist nur noch in den wenigen erhaltenen Kiefernwäldern Schottlands.

Links: Blick über die Uath Lochans und einen Teil des Glen Feshie. Dieses Tal ist eine der Keimzellen des ambitionierten „Rewilding Scotland"-Projektes, das es sich zum Ziel gesetzt hat, nicht nur Verständnis in den Köpfen zu schaffen, sondern unter Berücksichtigung der ökologischen Zusammenhänge großflächigen, vernetzten Naturschutz als Lebensgrundlage der heimischen Bevölkerung auf den Weg zu bringen.

Rechts: Seerosen auf dem Loch an Uathan und Eichen als Lebensraum für die in Großbritannien durch Artverdrängung und eingeschleppte Viruserkrankung schon selten gewordenen roten Eichhörnchen.

Das Schottische Moorschneehuhn (Lagopus lagopus scotica) ist das einzige endemische Rauhfußhuhn Großbritanniens und wechselt nicht – wie das normale Moorschneehuhn – in ein teilweise weißes Wintergefieder. Es ernährt sich von Beeren und Knospen. Über 10.000 Quadratkilometer der Highlands werden jährlich als Lebensräume für diese Tiere „bewirtschaftet" und teilweise aktiv brandgerodet, da die sogenannte „Sportjagd" auf die schnellen Bodenflieger eine leichte und lohnenswerte Einnahmequelle für die Landbesitzer darstellt. 25 Prozent der Gesamtfläche Schottlands sind intensives Jagdland – nur 1.5 Prozent National Nature Reserve.

Oben: Die „Schwarzen Ritter" der Highlands – im Frühling balzen Birkhähne um die Gunst der Weibchen. Die zweitgrößte Rauhfußhuhnart Schottlands bedarf aktiver Schutzmaßnahmen zur Erhaltung ihrer Lebensräume.

Mitte: Greifvögel, wie hier der Mäusebussard, haben es nicht immer leicht. Sie werden oft illegal vergiftet und geschossen, um möglichst hohe Moorhuhnzahlen zum Jagen zu erreichen. Traurige Realität durch Menschenhand.

Unten: Das Schwarzkehlchen liebt offene Hochmoorflächen und Wiesen mit einzelnen Büschen, die es gerne als Sitz- und Singwarte annimmt.

Typisches Schottlandwetter – hier in den Moorgebieten am Ufer des Loch nan Doirb mit den Ruinen des gleichnamigen Castle aus dem 13. Jahrhundert.

Sumpf und Moor machen das Fortkommen abseits von Wegen und Pfaden manchmal schwer bis unmöglich. Der Boden wirkt als riesiger Speicher für Wasser bester Qualität – die zahlreichen Destillerien freuen sich.

Oben: Zur Brunftzeit im Herbst empfiehlt es sich ganz besonders, die engen Kurven der schmalen Talstraßen langsam zu durchfahren – kein PKW übersteht den Kontakt mit einem kapitalen König der Highlands unbeschadet!

Unten: Singschwäne – ursprünglich in der Taiga beheimatet – sind nicht nur Wintergäste in Schottland, sondern zum Teil auch schon Brutvögel in den Highlands. Auffällig im Vergleich zum Höckerschwan ist die gerade Halshaltung, der gelbe Schnabel und vor allem der melodische Gesang, dem sie ihren Namen verdanken.

Glen Strathfarrar ist eines der schönsten Highlandtäler mit National Heritage Status; aber Gott sei Dank mit zeitlich und mengenmäßig limitiertem Kfz-Zugang sowie stets bewachtem, verschlossenem Tor. Nur wer bereit ist, auch die eigenen Füße zu nutzen, wird sich dieses Kleinod wirklich erschließen können.

Links: Der über 12 Kilometer lange Stausee Loch Monar am Ende des Tales.

Links: Alte kaledonische Kiefer – der ursprüngliche Baum der Highlandtäler. Der violette Schimmer der Rinde bringt in Verbindung mit dem passenden Umgebungslicht in diesen Wäldern oft eine ganz eigene Stimmung hervor.

Rechts: Wasserfall am Oberlauf des Flusses Farrar.

Die im Winter fast komplett weißen Schneehasen zeigen im Sommer ein nussbraunes Fell. Die Bestände dieser Tiere wurden in den letzten Jahren massiv dezimiert. Grund: Sie leben häufig in den gleichen Gebieten wie das Moorschneehuhn und tragen oft Zecken, welche wiederum die Vermehrungsrate der Moorhühner senken. Da mit der Jagd auf Moorhühner viel Geld verdient wird, schießt man einfach die Hasen weg!
Erst seit 2020 ist es illegal, ohne Genehmigung Schneehasen zu schießen. Offiziell stehen die Tiere nun also unter Schutz – hoffen wir das Beste!

River Cannich (oben) und River Farrar (rechts) sind nur zwei der zahllosen schottischen Flüsse, aber beiden ist eines gemeinsam: Die Täler, in denen sie fließen, zählen zu den wertvollsten Naturjuwelen der Highlands.

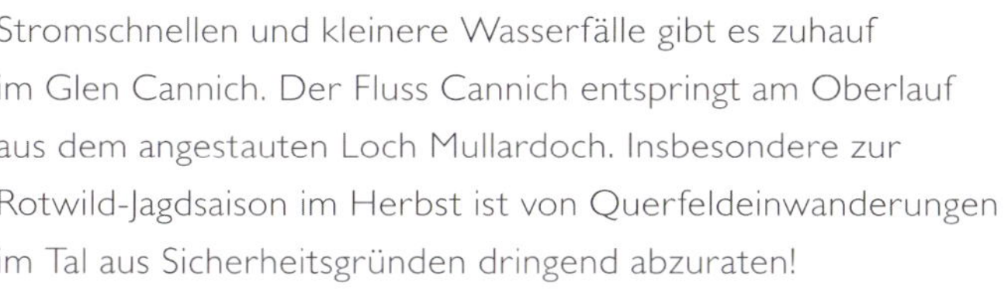

Stromschnellen und kleinere Wasserfälle gibt es zuhauf im Glen Cannich. Der Fluss Cannich entspringt am Oberlauf aus dem angestauten Loch Mullardoch. Insbesondere zur Rotwild-Jagdsaison im Herbst ist von Querfeldeinwanderungen im Tal aus Sicherheitsgründen dringend abzuraten!

Spätherbst im Glen Cannich. Die Farbenpracht im herbstlichen Tal ist eindrucksvoll – und kann doch nach dem ersten blätterraubenden Sturm über Nacht schnell Vergangenheit sein.

Schlechtes Wetter zum Fotografieren gibt es eigentlich fast nicht: Sowohl bei Sonne als auch bei Regen und Nebel bietet sich dem Auge eine Fülle an bunten Motiven …

… sowohl im Detail (links) als auch in der Übersicht (rechts). Während man den Regenschirm getrost zuhause lassen kann – der Wind zerlegt ihn sowieso in kürzester Zeit – sollten Gummistiefel unbedingt ins Gepäck, wenn man Straßen und Wege verlassen möchte.

Das Tal des Findhorn River bei Randolph's Leap ist auf jeden Fall einen mehrstündigen Wanderstopp wert. Enge Schluchten, steile Felsen und Stromschnellen sowie eine wunderbare Vegetation zeichnen diesen Flussabschnitt aus.

Rechts: Rauschend sucht sich das Wasser des Flusses Orchy seinen steinigen Weg über die Eas-Urchaidh-Kaskaden, den eindrucksvollsten der drei Wasserfälle der „Falls of Orchy".

Unten: In der Nähe von Braemar liegt das malerische Tal des Flusses Quoich mit der „Punchbowl", einem Loch in einem Felsen, in welches bei hohem Pegel das Wasser einströmt.

Eines der eindrucksvollsten und sich zur Westküste hin öffnenden Täler der Highlands ist das Glen Coe. Aber spätestens seit dem „Auftritt" in einem der letzten James-Bond-Filme wird es insbesondere im Sommer schwierig, hier einen Parkplatz und vor allem Ruhe zu finden. Der Blick über den Roten Fingerhut geht zur Felsformation der „Three Sisters" im Massiv des 1150 Meter hohen Bidean nam Bian.

Einer der wohl am meisten fotografierten Gipfel in Schottland ist der östliche „Talwächter" des Glen Coe, der Stob Dearg. Mit 1021 Metern ist er der höchste Gipfel des Buachaille Etive Mòr und aus dem Glen Etive heraus besonders schön zu betrachten.

Glen Nevis mit River Nevis. Links im Abendlicht die Flanke des mit 1345 Meter höchsten Berges in Großbritannien, des Ben Nevis. Am Ende des Tales, dessen Landschaft sowohl in den Highlander- als auch in den Harry-Potter-Filmen zu sehen ist, stürzt der Wasserfall „Eas an Steill" rund 120 Meter in die Tiefe.

Oben: Ein wahrhaft stürmischer Blick auf den mit über 70 Quadratkilometern größten See Schottlands, den Loch Lomond im „Loch-Lomond-and-the-Trossachs-Nationalpark".

Links: Das wohl bekannteste Schloss Schottlands ist das Eilean Donan Castle aus dem 13. Jahrhundert, einsam gelegen am Loch Duich. Heute wird es jährlich von hunderttausenden Besuchern überrannt.

Oben: Aufgelassenes und verfallenes Gehöft am Ende eines Highlandtales. Während der Zeit der Highland-Clearances wurden ganze Regionen zwangsentvölkert, um Flächen für die Schafhaltung zu gewinnen. Das Elend der nun heimatlosen Bewohner interessierte niemanden.

Links: Castle Stalker aus dem 14. Jahrhundert liegt auf einer kleinen, nur bei Ebbe trockenen Fußes zu erreichenden Insel im Loch Laich an der Westküste.

Die Erosionsformation des „Bow Fiddle Rock“ an der Küste bei Portknockie hat ihren Namen von der Ähnlichkeit mit einem aufliegenden Geigenbogen. Die Felsen stammen noch aus der Erdurzeit vor etwa 700 Millionen Jahren, als erstmals mehrzellige Organismen die Welt besiedelten. Heute nutzen ihn verschiedene Möwenarten als Brutplatz.

Links: Die Ruinen der beiden Burgen Girnigoe und Sinclair Castle thronen über der Steilküste im Nordosten Schottlands bei Wick. Die Form der Burgruinen scheint sich in der Felsformation im Vordergrund zu „spiegeln".

Rechts: Blick auf den Strand an der nordöstlichsten Spitze Schottlands, Duncansby Head.

Schottland

The Far North …

… der hohe Norden der Highlands präsentiert ein Intermezzo aus Urwald, Wasserfällen, einsamen Küstenlandschaften und düsteren Ruinen.

Keiss Castle an der Nordostküste ist eine der schauerlichsten Ruinen Schottlands. Wenn hier kein Burggespenst wohnt, dann weiß ich auch nicht!

Sango Bay
Duncansby Head
Castle Sinclair
Applecross
Inverness
Edinburgh

Der besseren Übersichtlichkeit wegen habe ich dem auch landschaftlich eigenen Teil der in Schottland gerne als „Far North" bezeichneten und in etwa durch die geologische „Great-Glen-Verwerfung" abgegrenzten Region des hohen Nordens ein eigenes Kapitel gewidmet, obwohl sie zu den Highlands gehört.

Nördlich von Inverness kann es auf manchen Routen – vor allem außerhalb der Sommermonate – schnell einsam werden, und auf kleineren Straßen wird man den Eindruck nicht los, dass die Größe der Schlaglöcher proportional zur Entfernung von der letzten größeren Stadt deutlich zunimmt. Landschaftlich jedoch erwarten den aufmerksam Reisenden wieder so abwechslungsreiche Szenarien, dass die Strecken zwischen den im Folgenden beispielhaft aufgezeigten Tipps noch viele lohnenswerte Überraschungen und Raum für eigene Entdeckungen bereithalten.

Unweit des für seine guten Delfinbeobachtungsmöglichkeiten bekannten, aber mittlerweile vor allem in den Ferienzeiten völlig überrannten Chanonry Point, führt eine Wanderung durch das Fairy Glen in nahezu urzeitlich anmutende Farnurwälder mit malerischen Wasserfällen – zweifellos ein echter Geheimtipp bei Regenwetter! Die saubere Luft, das Plätschern des Wassers, dreckige Schuhe und vor allem das Fehlen lärmender Event-Touristen sind untrügliche Zeichen solcher selbst zu erwandernder Genussziele.

Gewaltige Wasserkaskaden rauschen bei den Rogie Falls oder den nördlich gelegenen Wailing Widow Falls in steile Felsschluchten, und schmale Sträßchen winden sich bei Bealach na Ba auf Pässe, von deren Höhen man raue Küstenlandschaften mit einer vorgelagerten Inselwelt erspäht. Hier bei Applecross ein paar Tage zu verbringen, entschleunigt definitiv und lässt Ruhe einkehren.

In den alten Schlossruinen des Castle Sinclair scheint es bei starker Brise definitiv zu spuken, und allein die Strände und Regionen an der äußersten Nordküste lohnen die lange Fahrt.

Seevogelkolonien bevölkern die steilen Klippen und Felstürme an der nordöstlichsten Ecke Großbritanniens und zwischen den Felsen liegen die Seehunde in der gelegentlich zwischen den Wolkenfetzen herauslugenden Sonne.

Während in der Hauptreisezeit die Touristenbusse in Richtung John o' Groats tuckern, empfehle ich Ihnen aber lieber eine ausgiebige Küstenwanderung am Duncansby Head mit seinen imposanten Felsnadeln.

Urwalderlebnis in den Highlands: Das Fairy Glen in der Nähe von Rosemarkie ist – insbesondere bei Regenwetter – einen Zwischenstopp wert. Tiefgrüner Farndschungel und malerische Wasserfälle versprechen wunderbare Erholung.

Oben: Verschiedene Flechten bilden abstrakte bis impressionistische Muster auf den Steinen am Wasserfall. Rechts unten das Kurzschnabelentenkücken!

Links: Wasserfall an der schmalen, bis zu 20 Prozent steilen Straße zum Bealach na Bà, dem alten Passweg auf die Applecross-Halbinsel an der Westküste.

Links und rechts: Blick von der Küste bei Applecross auf die Isle of Raasay und weiter zur Isle of Skye.

Unten: Kiebitze trifft man häufig auf den Wiesen der Highlands und auch der Austernfischer brütet nicht nur unmittelbar an der Küste.

Oben: Die Eas Rothagaidh oder Rogie Falls sind auch von der Straße aus gut erreichbare Wasserkaskaden unweit von Inverness.

Links: Wer nicht aufpasst, ist schnell daran vorbeigefahren, weil sie weder einsehbar noch ausgeschildert, aber dennoch absolut lohnenswert sind: die Wailing Widow Falls mit Blick zum Loch na Gainmhich in Assynt.

Folgende Doppelseite:

Die Ruine des im 15. Jahrhundert erbauten Ardvreck Castle liegt auf einer Halbinsel des Loch Assynt im äußersten Nordwesten Schottlands.

Links: Archaische Küsten-
landschaft westlich
vom Strathy Point in der
Mitte der Nordküste.

Rechts: Sango Bay,
ein wunderschöner, aber
leider oft überlaufener
Strand im Nordwesten.

Oben: Ein Brutpaar des Nordatlantischen Eissturmvogels hat sich im roten Sandstein einen besonders schönen Nistplatz gesucht und betreibt Paarbindung mit Blick auf die Stacks.

Rechts: Die gigantischen Felsnadeln der „Duncansby Stacks" am nordöstlichsten Ende Schottlands. Nur bei Ebbe und keinesfalls bei Schlechtwetter sollte man sich den steilen, ungesicherten Pfad von den Klippen hinunter ans Wasser wagen.

Links: Das eindrucksvolle Massiv des 981 Meter hohen Slioch am Loch Maree scheint die Wolken zu durchstoßen.

Oben: Lochan Hakel mit Blick auf den Ben Loyal in der Nähe der Kyle of Tongue. In dieser Ecke lohnt es sich, auch kleinere Straßen zu erkunden – sofern man nicht mit dem Wohnmobil unterwegs ist.

Oben und rechts: Steile Klippen und vorgelagerte Felsen – hier bei Handa – sind an der gesamten Küste beliebte Brutplätze beispielsweise der Trottellummen.

Folgende Doppelseite:
Der spektakuläre Blick vom Creag Dharaich auf die markanten Bergstöcke in Assynt im Abendlicht: Suilven, Cùl Mòr, Cùl Beag und Stac Pollaidh.

Links: Sonnenuntergang am Leuchtturm von Esha Ness mit Blick auf die gleichnamigen Klippen im Westen der Hauptinsel der Shetlands. Hinter dem großen Klippenblock versteckt sich der Eingang in die mit über 5600 Quadratmetern größte Seehöhle Großbritanniens.

Rechts: Der Fuß der Felsnadel „Yesnaby Castle“ an der Westküste der Orkney-Hauptinsel.

Schottland

Rund 800 Inseln …

… verzaubern mit einem Potpourri aus Südseeflair, seltenen Tieren, wildromantischen Klippen und archaischen Landschaften.

Unterwegs auf Lunga, der grünen Insel der Treshnish Isles.
Heimat seltener Pflanzen und Brutplatz vieler Seevögel.

Die Inselwelt Schottlands ist faszinierend in Vielzahl und Vielfalt. Es gibt fast 800 Inseln, rund 130 davon sind bewohnt. Exemplarisch sollen hier auch weniger bekannte, lohnenswerte Orte vorgestellt werden, die zu einer Erkundung einladen. Die vollumfängliche Beschreibung des Inselthemas hingegen würde ein mehrbändiges Werk füllen.

Die Äußeren Hebriden – repräsentiert durch Harris und Lewis – liegen vor der Westküste wie die Perlen einer Kette. Das oft raue, steinige oder torfige Inselinnere mit spärlichem Bewuchs und schmalen Straßen steht in Kontrast zu malerischen Sandstränden, türkisfarbenen Buchten und wunderbaren Dünen, die den Äußeren Hebriden auch den Beinamen „Schottische Südsee“ einbrachten.

Auf den Inneren Hebriden begeistern mich seit Jahren Landschaft und Tierwelt der Isle of Mull. Abenteuer in dichten, verkrüppelten Eichenwäldern, Wanderungen zu entlegenen Felsformationen am Meer, kreisende Adler und spielende Fischotter – einfach fantastisch!

Auf der größten Insel der unbewohnten Treshnish Isles, Lunga, gibt es von Ende Mai bis Mitte August viel zu sehen. Seevogelkolonien mit tausenden Trottellummen, Tordalken und Papageitauchern kann man hier hautnah erleben. Kombinieren sollte man dies mit einem Besuch der Insel Staffa. Die Erkundung des aus tausenden von Basaltsäulen bestehenden Eilands, das geologisch betrachtet die Fortsetzung des irischen „Giant’s Causeway“ darstellt, zählt sicher zu den schönsten Touren vor der Westküste.

Seit 1995 über eine Brücke mit dem Festland verbunden ist die Isle of Skye. Fristete sie vorher ein eher beschauliches Dasein, hat der Tourismus in den letzten Jahren so zugenommen, dass es in der Hauptsaison teils zu Unterkunftsengpässen kommt und die Sehenswürdigkeiten der Insel völlig überrannt werden. Asphaltierte Parkplätze und Sperrschilder sprießen wie Pilze aus dem Boden. Von einem Sommerbesuch kann ich nur abraten. Wer ruhigere Zeiten wählt, wird dagegen atemberaubende, urtümliche Landschaften in wechselndem Lichtspiel erleben.

Eine eigene Reise wert sind die Orkneys und die Shetland Islands. Während der südliche Teil der etwa 70 Orkneyinseln sowie der Süden der Hauptinsel eher arm an Naturschätzen ist und vorwiegend landwirtschaftlich genutzt wird, finden sich beispielsweise im Westen und Norden der Hauptinsel zahlreiche lohnende Ziele, darunter viele archäologisch interessante Stätten und faszinierende Küstenlandschaften.

Die nördlichste Inselgruppe sind die Shetlands, deren Kultur noch heute von den Wikingern geprägt ist. Landschaftlich erwartet den Besucher im Inneren eine karge, baumlose Moor-, Fels- und Heidelandschaft, die wunderschönen Küsten jedoch machen diesen ersten, eintönigen Eindruck sehr schnell mehr als wett. Große Vogelkolonien und eine reiche maritime Fauna laden darüber hinaus zur Beobachtung ein.

Links: Basaltsäulen so weit das Auge reicht bilden die Isle of Staffa. 60 Millionen Jahre alte, ganz langsam erkaltete Lava wurde dabei durch Spannungsrisse zu den charakteristischen Säulen. Auf der irischen Seite findet dieses riesige Magmaband seine überseeische Fortsetzung am „Giant's Causeway".

Rechts: Fingal's Cave – die Höhle, in der Felix Mendelssohn Bartholdy 1829 durch den Klang der Wellen zu seiner Konzertouvertüre „Die Hebriden" op. 26 inspiriert wurde.

Lunga und Staffa sind hervorragende Brutplätze für zahlreiche Seevogelarten. Dazu zählen u.a. (von links nach rechts) Krähenscharbe, Tordalk, Trottellumme und die beliebten „Clowns der Meere", die Papageitaucher.

Links: Die uralten Krüppeleichenwälder an einigen Küstenabschnitten von Mull wirken wie die Heimat von Elfen und Feen.

Oben und rechts: Die Schiffwracks bei Salen sind ein gerne genutzter Brut- und Futterplatz für Rauchschwalben.

Der eigentlich im Süßwasser lebende Europäische Fischotter nutzt in Schottland das reichhaltige Büfett des Meeres. Zum Überleben benötigen die scheuen Wassermarder aber trotzdem Süßwasser aus Bächen und Quellen, um sich u.a. vom Salz zu säubern. Wer frei lebende Otter beobachten und fotografieren möchte braucht neben bedachtsamem Vorgehen vor allem drei Dinge: Geduld, Geduld, Geduld.

Rechts: Die insgesamt etwa 15 Kilometer lange Wanderung zu den Felsentoren Carsaig Arches ist eine empfehlenswerte Tour auf Mull – allerdings gezeitenabhängig und sicher kein Spaziergang für Sandalenträger!

Links: Häufig ziehen Wolken zwischen die Gebirgszüge auf den Inseln. Wetter und Licht ändern sich schnell – also nur etwas für frustrationstolerante Fotografen.

Oben: Einer der Klassiker auf der Isle of Skye ist ein Abend am Leuchtturm von Neist Point. Die Aufnahme ohne Menschen im Bild zu machen ist in der Hauptsaison mittlerweile schwierig.

Oben: Seehund (Bild) und Kegelrobbe sind oft zu beobachtende Fischjäger in den Gewässern um Schottland. Auf der Isle of Skye kann man auch größere Kolonien erleben.

Links: Windiger Abend am Elgol Beach auf der Isle of Skye mit Blick zum Gebirgszug der Cuillin.

Oben: River Sligachan mit Blick auf den hauptsächlich aus Basalt bestehenden Teil der Cuillin Hills, der deswegen auch „Black Cuillin“ genannt wird.

Rechts: Das Foto der „Fairy Pools“ auf Skye hat Opfer verlangt: nasse, eiskalte Füße und bei Windstille Millionen nach Blut lechzende Gnitzen (Midges) – die Geißel Schottlands.

Links: Eine der bekanntesten Felsformationen Schottlands ist der „Old Man of Storr", eine riesige Felsnadel unmittelbar an der Abbruchkante des Trotternish Ridge. In der Welt der Geologen ist der „Old Man" übrigens seit Mitte des 19. Jahrhunderts der Erstbeschreibungsort für Gyrolith, ein sehr seltenes, kugelförmiges Silikatmineral.

Rechts: Blick vom Quiraing entlang der Abbruchkante des Trotternish Ridge in Richtung Süden. Die zerklüftete Landschaft ist entstehungsgeschichtlich der größte sichtbare Erdrutsch Großbritanniens.

Links: Wetterküche Isle of Skye – der Blick über die Isle of Raasay und Rona bis zu den Bergen von Assynt.

Unten: Der „Old Man of Storr“ bei Sonnenaufgang, rechts der Felsrücken des Storr und im Hintergrund der Loch Leathan.

Oben links: Im Inneren der Äußeren Hebriden geht es recht karg zu, Bäume und Büsche sind rar gesät.

Unten links: Küstenlandschaft auf Harris – die „Golden Road“ eignet sich hervorragend, um diese Insel zu erkunden.

Rechts: Blick auf „The Northton Saltings“, eine Salzwiesenlandschaft auf Harris, die immer wieder vom Meerwasser überflutet wird und deswegen nur speziellen, salzresistenten Pflanzen als Heimat dient.

Die Dünenlandschaft von Luskentyre auf Harris zählt mit den umliegenden Stränden und der kleinen Insel Taransay zu den schönsten Küstengebieten Schottlands …

… und nicht umsonst spricht man beim Blick auf das türkisfarbene Wasser hier gerne von der „Schottischen Südsee“. Eile ist völlig fehl am Platz …

… und stundenlange Spaziergänge bei jedem Wetter sind eine Empfehlung. Weiches Licht sorgt für märchenhafte Wellenlandschaften. Zeit zum Träumen und Entspannen.

Links: Felstürme am Strand von Traigh Ghearadha auf Lewis.

Rechts: Abendsonne an den hohen Klippen bei Mangarstadh auf Lewis. Die gleichnamige Gruppe aus Felsnadeln zählt zu den eindrucksvollsten Küsten-Spots für Landschaftsfotografen auf den Äußeren Hebriden.

Links: Heute spärlich bewohnt ist der nördliche Bereich der Orkney-Hauptinsel. Doch bereits aus der Eisenzeit liegen eindrucksvolle Zeugen menschlicher Besiedlung vor. Die Anlage um den riesigen Turm der „Broch of Gurness" datiert etwa auf das Jahr 500 v. Chr. und kann heute besichtigt werden.

Rechts: Eines der Wahrzeichen der Orkney-Inseln ist der 137 Meter hohe „Old Man of Hoy", den man auch gut bei der Fährüberfahrt von Stromness aufs Festland nach Scrabster bewundern kann.

Ganz im Westen des Orkney-Mainland liegt die malerische Küstenlandschaft von Yesnaby. Wer hier die Wanderschuhe im Auto lässt, ist selber schuld. Die hohe Felssäule in einer der zu erkundenden Buchten wird „Yesnaby Castle“ genannt.

Einen Blick in Millionen Jahre Erdgeschichte erlauben die steinernen Formen und Farben bei Yesnaby (links) und die farbigen Steinstrände im Norden an der Brough of Birsay (rechts).

Shetland Islands: Die Vogelkolonien im Hermaness National Nature Reserve auf der Insel Unst zählen mit jährlich über 100.000 Brutpaaren aus 15 verschiedenen Seevogelarten zu den ornithologischen Highlights Großbritanniens. Allein mehr als 50.000 Basstölpel kreisen über den steilen Klippen auf der nördlichsten bewohnten Insel Schottlands.

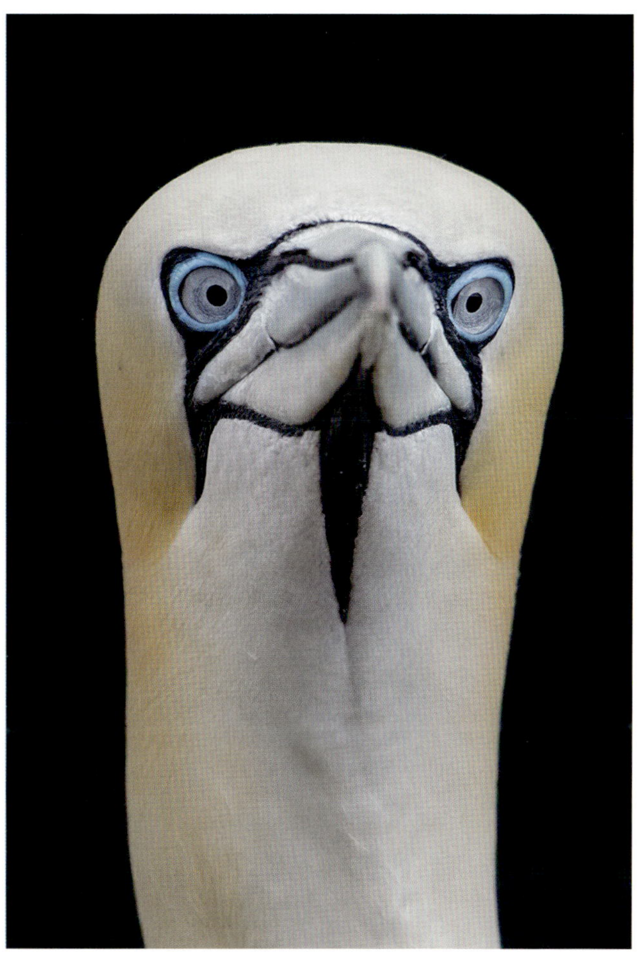

Der Basstölpel (Morus bassanus) ist mit einer Flügelspannweite von bis zu 180 cm einer der größten Seevögel überhaupt. Die eleganten Gleitflieger erjagen ihre Beute, indem sie sich mit bis zu 100 km/h ins Wasser stürzen, die Fische untertauchen und einen von ihnen beim Auftauchen von unten packen. Über die Hälfte des weltweiten Bestandes lebt an den schottischen Küsten.

Oben: „The drinking horse“ ist ein Felsen in Form eines trinkenden Pferdes, direkt vor der Küste der Halbinsel Esha Ness auf der Hauptinsel der Shetlands.

Rechts: Abendstimmung am Leuchtturm von Esha Ness mit Blick nach Norden. Ein wunderschöner kleiner Pfad führt hier die Küste hinauf. Einsame Plätze mit Genussfaktor garantiert!

Oben von links nach rechts:
Eine artenreiche Vogelwelt erwartet die Liebhaber der gefiederten Freunde.
Der Anadyrknutt ist eine der seltensten Sichtungen. Erst sechsmal wurde dieser Langstreckenzieher überhaupt in Großbritannien entdeckt.
Ein Sandregenpfeifer inmitten rosa blühender Strandnelken.
Die Skuas sind riesige Raubmöwen, die im moorigen Küstenvorland brüten und wegen ihrer aggressiven Nestverteidigung gefürchtet sind. Auf den Shetlands werden sie „Bonxie" genannt.

Links: Die Shetlands sind das Fischotterparadies Europas. Nirgendwo ist die Bestandsdichte so hoch. Das gute Futterangebot lässt die Tiere bis zu einem Drittel größer werden als unsere heimischen Inlandsbewohner.

Zwischen Braewick und Hillswick auf der gleichnamigen Landspitze im Norden der Hauptinsel der Shetlands warten einige lohnenswerte Wanderungen mit tollen Ausblicken u.a. auf die wie Drachenzähne aus dem Wasser ragenden „The Drongs“ (siehe folgende Doppelseite). Vorsicht ist jedoch geboten, da die Steilküste zahlreiche instabile Abbruchkanten aufweist.

Ein herzliches Dankeschön an dieser Stelle:

Mutt und Paps, für ihre unermüdliche Liebe und Unterstützung in allen Lebenslagen.

Katie & John, denen dieses Buch gewidmet ist: „Alba isn't Alba without you, my friends!"

Dem GDT-Naturfotografen Bernd Liedtke, der mit seiner Begeisterung und seinen wunderbaren Bildern der Zündfunke für meine Schottlandleidenschaft war.

Familie Tecklenborg sowie den beteiligten Mitarbeitern des Verlagshauses Tecklenborg – ganz besonders Stefan Engelen – für die professionelle Realisierung und stets freundliche Begleitung dieses Projektes.

„Many thanks and Sláinte mhath!" to all my scottish friends for a warm welcome and the possibility to participate on local knowledge: Amanda & Peter Cairns, Neil McIntyre, James Shooter, Brydon Thomason, Josh Jaggard and Gerard Murphy.

Dougie Cunningham, dessen Standardwerk über Landschaftsfotografie "Photographing Scotland" immer wieder von neuem ein Quell der Inspiration ist.

Lisa, Georgia & Brian vom „Skyewalker Hostel" – der charmantesten Unterkunft auf der Isle of Skye.

Meiner Englischlehrerin Christl Richter, deren intensives gymnasiales Bemühen doch noch Früchte trug und die dankenswerterweise die Einleitung übersetzt hat!

Meinem Freund Werner Höbel, für die stets mentale Stärkung und Korrekturhilfe.

Und an ein Projekt, dass Hoffnung macht / there is hope:
www.scotlandbigpicture.com

Impressum

Umwelthinweis:
Der Inhalt dieses Buches wurde auf Papier
mit chlorfrei gebleichtem Zellstoff gedruckt.
Das Einbandmaterial ist recyclebar.

Die Deutsche Bibliothek – CIP Einheitsaufnahme

Schottland
Abenteuer Wildnis
Ferry Böhme
Steinfurt, Tecklenborg Verlag
ISBN: 978-3-944327-84-6
1. Auflage 2020

Gesamtherstellung: Druckhaus Tecklenborg, Steinfurt

ISBN: 978-3-944327-84-6